Serie JELU-RUEMAR

Propuestas para optimizar la enseñanza y el aprendizaje de la matemática.

George Polya

MÉTODOS

ALGORITMO

Rene Descartes

Miguel De Guzmán

DECIMO TOMO

RESOLUCIÓN DE PROBLEMAS

POR: Scarlet C. Rueda M

2020

Contenido	Nº de Pagina
Planteamiento de problemas	5
Resolución de problemas	10
Plantear y resolver problemas.	15
Métodos de: Allan Moles, Allan Schoenfeld, Alex Osborn y Ann Brown	28
Métodos de: George Polya, Graham Wall y Miguel de Guzmán	40
Métodos de: John Dewey, Joseph Rosman y Joy Paul Guilford	51
Métodos de: Bransford – Stein, Mason-Burton y Rene Descartes	61
Comparando métodos de resolución de problemas	70
Un problema varias formas de resolución	76
Estrategias de resolución de problemas	84

PRESENTACION

En este tomo se presenta de manera resumida, una herramienta muy importante, tanto para el aprendizaje como para la enseñanza de la matemática; como es la resolución de problemas.

Se destacan, por tanto:

a) Problemas resueltos de varias formas

b) Varios métodos de resolución de problemas

Se Ofrecen formas y métodos para la resolución de problemas. Destacando su importancia en los procesos de enseñanza y aprendizaje.

Manteniendo el enfoque de los tomos de la serie Jelu Ruemar, se comparan los métodos mencionados, así como las formas o vías de resolución de problemas.

.

La autora

SEMBLANZA DE LA AUTORA

La profesora Scarlet C. Rueda M. es egresada, en la especialidad de Matemática, del Instituto Universitario Pedagógico Experimental "Rafael Alberto Escobar Lara" ubicado en la ciudad de Maracay. Estado Aragua. Venezuela.

Ha incursionado en la docencia desde el subsistema de pre escolar hasta educación superior, incluyendo educación especial. Entre los institutos donde ha desempeñado su labor se cuentan:

I.E.E Pre-escolar de Audición y Lenguaje. "Maracay".
C.P.A.P.E.P "La Candelaria".
E.B "Simón Bolívar" C.B.C "Cruz Verde"
C.B "Magdaleno"
U.B.E "José Rafael Revenga"
ESCUBAFAN
UBA
IUPFAN
IUPE" RAFAEL ALBERTO ESCOBAR LARA"
INCE-EPA
 UNEFA. IUTELV. Maracay. Entre otros...

Ha publicado otras obras certificadas tales como:
ALGEBRA LINEAL
FISICA BÁSICA
MANUAL PRACTICO DE PLANIFICACIÓN EL AULA PROYECTO PEDAGOGICO. CONTROL ADMINISTRATIVO.
El AULA: MANUAL PARA EL TRABAJO PRÁCTICO DEL DOCENTE ADAPTADO AL NUEVO CURRICULO BASICO NACIONAL. Entre otras.

¿Qué son los problemas?

Situaciones que se plantean para hallar un dato desconocido a partir de otros datos conocidos, o para determinar el método que hay que seguir para obtener un resultado dado.

Cuestiones discutibles que hay que resolver o a las que se busca una explicación

¿Qué es un problema?

- Un problema es una situación que provoca un conflicto cognitivo, pues la estrategia de solución no es evidente para la persona que intenta resolverla. Así, esta deberá buscar y explorar posibles estrategias y establecer relaciones que le permitan hacer frente a dicha situación.

¿Qué es el planteamiento de un problema?

Se denomina "Planteamiento de un problema" a la acción de escribir, de manera formal, toda situación algebraica, algorítmica, heurística, lógica, geométrica, probabilística, grafica, de aplicación entre otras; de tal forma que se plantea con condiciones específicas y requiriendo de una respuesta, debidamente comprobable, verificable, demostrable.

Comprensión del planteamiento de un problema.

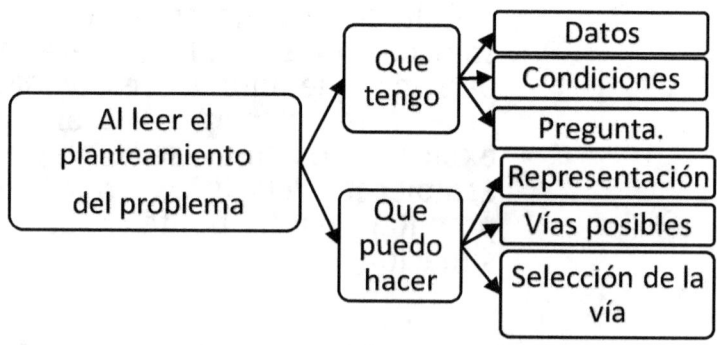

Casos en planteamientos de problemas.

1) Todas las condiciones dadas, influyen en la respuesta del problema.

Por ejemplo:

En un estacionamiento había 8 vehículos parqueados y luego llevaron 5 más.

¿Cuantos vehículos hay en el estacionamiento?

Todos los datos o condiciones son necesarios para llegar a la respuesta.

2) Hay condiciones que no se deben tomar en cuenta pues no se relacionan con la pregunta

Así:

En un estacionamiento habían 8 vehículos parqueados y una hora más tarde llevaron 5 más.

¿Cuantos vehículos hay en el estacionamiento?

El dato de tiempo correspondiente a una hora no se toma en cuenta para la solución pues no se relaciona con la pregunta

3) Las condiciones no requieren de cálculos para obtener la respuesta

En un estacionamiento habían 8 vehículos parqueados y luego llevaron 5 más. ¿Cuantos vehículos hay en el estacionamiento?

Se puede obtener la respuesta realizando la representación en la recta real. Sin necesidad de cálculos

Se considera importante que el estudiante realice sus propios planteamientos de problemas o los seleccione según su área de interés.

Por lo que se debe tener en cuenta que la motivación es un estado interno del estudiante que le permite tener interés y estar activo, siendo participativo como ente importante de su proceso, dirigiendo así sus actividades hacia el logro del aprendizaje de la matemática.

Por ser interno, es individual, personal, es decir cada uno tiene formas particulares de reaccionar ante los estímulos, de interpretar, reconocer, identificar, comprender.

¿Qué logra el estudiante al plantear sus propios problemas?
- ➤ Optimizar sus habilidades y destrezas para la toma de decisiones.
- ➤ Descubrir sus áreas de interés
- ➤ Involucrarse en su proceso de aprendizaje.
- ➤ Despertar el interés por la matemática y mantener el interés

Tanto para comprender los planteamientos de los problemas como para plantearlos, es muy importante el dominio o una buena base de la lecto-escritura simbólica.

Esto se menciona en virtud de destacar un aspecto común en el que los estudiantes fallan al momento de comprender el planteamiento de problemas.

Es decir, en la lectura a partir de expresiones simbólicas, por ejemplo:

La ecuación $2j+5p=8$

al igual que en la escritura simbólica, por ejemplo:

"El doble de la edad de Juan es cinco veces la edad de Pedro aumentada en ocho unidades".
$2j=5p+8$

El uso de símbolos y signos no es solo en el planteamiento de problemas en la matemática, esto alcanza a todas las áreas del saber ya que por lo menos usan símbolos literales para abreviar las respectivas magnitudes y/o unidades. Tales como en las áreas:

Física; que expresan la relación entre magnitudes mediante formulas

Química; que usan símbolos literales para representar en forma abreviada todos los elementos químicos que son objeto de su estudio entre otras.

Por lo que la lecto-escritura simbólica es muy importante en la comprensión del planteamiento de todo tipo de problema bien sea por que está planteado en forma simbólica o por que se requiere de ella para organizar la información y lograr una rápida comprensión del respectivo planteamiento del problema.

¿Qué es la resolución de problemas?

Resolución de problemas es el proceso a través del cual podemos reconocer las señales que identifican la presencia de una dificultad, anomalía o entorpecimiento del desarrollo normal de una tarea, recolectar la información necesaria para resolver los problemas detectados y escoger e implementar las mejores alternativas.

Es notable el fortalecimiento y desarrollo de habilidades, destrezas, valores y conocimientos que se pueden adquirir con tan solo disfrutar de la enseñanza de la matemática con un enfoque hacia el desarrollo del pensamiento lógico y efectivo.

El aprendizaje y/o la enseñanza de la matemática tienen, de manera general, tres enfoques, a saber:

1) El desarrollo mental.

2) El desarrollo del lenguaje

3) El desarrollo de destrezas

En su mayoría, tanto docentes como alumnos han centrado su atención en el desarrollo mental, pues consideran que saber matemática es "dar resultados". En consecuencia, memorizan situaciones o ejemplos para dar respuestas, sin importar el comprender como llegar a esa respuesta, situación que afecta las habilidades para resolver problemas, no solo en matemáticas sino también en todas las áreas del saber, el entorno, la vida

A partir de la resolución de problemas en la enseñanza de la matemática se puede generar el perfil de competencias dirigido hacia el aprender a:

tomar decisiones, crear, reflexionar…

La base de esto es el planteamiento de situaciones relacionadas con el entorno y/o área de interés de los estudiantes

Por consiguiente, se considera importante:

- ➢ El explorar sobre los intereses del grupo.

- ➢ El orientar sobre el manejo adecuado del lenguaje simbólico y la identificación de operaciones, representaciones y demás contenidos matemáticos

- ➢ La instrucción sobre los métodos, formas, algoritmos, etc; útiles en la resolución de problemas.

En atención a la problemática del bajo rendimiento en el área de matemática, cabe mencionar el desconocimiento de la importancia del planteamiento de problemas y su respectiva resolución, tanto con enfoques para uso sencillo de operaciones fundamentales como con enfoque de las diferentes áreas del saber.

Los mismos docentes de otras áreas plantean problemas que los estudiantes resuelven por repetición de los modelos y/o procedimiento de uno previamente resuelto por el docente; sin comprender ni aprender las bases de los mismos y por tanto no se aprovecha la herramienta adecuadamente.

No todos tienen la misma habilidad para RESOLVER PROBLEMAS para fijar conocimientos y aplicar definiciones, dependiendo del nivel cognitivo podemos notar que a algunos les cuesta más entender los diferentes planteamientos y por ende resolverlos.

Por otro lado, hay quienes creen que iniciar el estudio de algún tema, con el planteamiento de un problema es muy complicado, cuando la realidad es que puede resultar un elemento motivador.

Cuando no se orienta adecuadamente la resolución de problemas, en el desarrollo de las clases, se crea un vacío en el lenguaje, uso y aplicación de la matemática, lo que dificulta el aprendizaje de la misma

No todos son creativos ya que hay ciertas capacidades que unos desarrollan de mejor manera tales como:
- La capacidad para saber detectar problemas.
- Posibilidad de percibir los cambios en su medio.
- Interés y predicción por lo nuevo.
- Persistencia y confianza en las soluciones de lo nuevo
- Entusiasmo con la tarea y tolerancia a la frustración.
- Capacidad de iniciativa, curiosidad intelectual, entre otros.
- Flexibilidad de pensamiento.
- Capacidad para adaptarse a la sociedad.
- Capacidad de análisis y síntesis.

Además, se debe tener actitud en los cambios a realizar, ya que esta es el motor que mueve a la creatividad; necesaria para una exitosa resolución de problemas

Se afirma que el planteamiento y la resolución de problemas es muy útil para:

Para optimizar en el individuo la toma de decisiones, la asertividad, la confianza en sí mismo etc.

Para desarrollar habilidades gerenciales tales como la capacidad y el conocimiento para realizar actividades de administración y liderazgo en una organización.

Para desarrollar destrezas lógico-matemáticas

Para incentivar las habilidades para recordar situaciones similares, reconocer patrones, crear alternativas de solución nuevas.

Para optimizar el razonamiento, la atención, la memoria

Lo que destaca la importancia de generar el habito de que el alumno se acostumbre a leer completo y detenidamente cada planteamiento del problema, no solo al momento de estudiar o practicar, sino también al momento de la evaluación sumativa; lo que se logra ofreciéndoles variados planteamientos, de donde él pueda seleccionar los de su interés y/o crear otros similares.

Como ya se mencionó; cada individuo tiene una forma particular de interpretar, analizar, comprender; por lo que, al seleccionar la vía de solución, para un determinado planteamiento que requiere de una respuesta o solución, estas sean diferentes, en consecuencia, deben manejar un **método** que resulte de la integración de varios y que se ajuste a varios **tipos de problemas**.

Los tipos de problemas

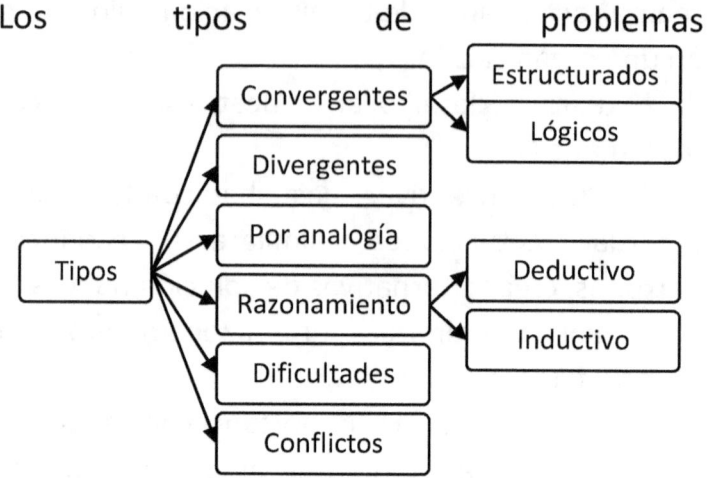

y los métodos de resolución. Algunos de ellos son:

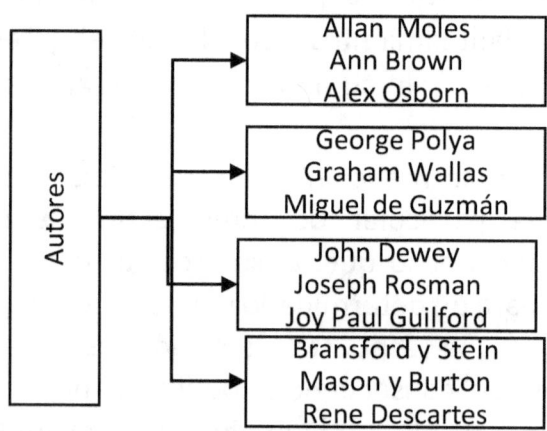

Por otra parte, para aprender a resolver problemas se consideran tres momentos de gran importancia:

Antes de abordar el planteamiento de un problema es importante conocer:
El leguaje simbólico
Los conceptos, propiedades, definiciones de magnitudes relacionados con el tema en que se plantea el problema.
Se trata de organizar, comprender y reconocer todo lo que nos permitirá comprender el problema.
Durante Una vez que se presenta el problema se procede a realizar la correspondiente lectura teniendo en cuenta los aspectos siguientes:
a) Extracción de la información que se da es decir los datos conocidos
b) Identificación de lo que se pide, la incógnita, pregunta, valor o valores desconocidos
c) Establecimiento de la relación entre los datos y la incógnita.
d) Búsqueda y selección de las estrategias que llevan a la solución del problema
Después Una vez se ha desarrollado la estrategia seleccionada que generó la solución del problema se debe leer de nuevo el planteamiento para verificar que se llegó a lo solicitado y verificar su validez.
Para explicarlo mejor se hace mención a dos problemas.

Planteamientos:

1) Luego de una reunión familiar,13 de los menores de edad deciden ir

al cine, pero deben ir acompañados, así que dos de los adultos se van con ellos. Si pagaron con 150 dólares por las entradas de los 2 adultos y los 13 niños, la entrada de adulto valía 10 dólares y la infantil 7 dólares. ¿Cuánto costaron todas las entradas? ¿Cuánto dinero les devolvieron?

2) Si te comes 3 tabletas de una barra de chocolate dividida en 8 tabletas iguales y compartes 2 tabletas ¿Qué parte de la barra le has quitado al chocolate?
¿Qué parte de la barra te queda?

Resolución

1) De las entradas al cine.
Luego de realizar la lectura comprensiva me pregunto:
¿Qué condiciones hay? Datos
2 entradas a 10 dólares cada una
13 entradas a 7 dólares cada una
Pago con 150 dólares
¿Qué piden? Incógnitas
Precio total de las entradas
Vuelto de los 150 dólares
Buscando estrategias; para conocer cuánto fue el vuelto de los 150 dólares primero

necesito conocer cuál fue el gasto total de todas las entradas

Organizo toda la información y ejecuto

Número de entradas	Precio individual	Precio parcial	Precio total
Adultos 2	10 dólares	2x10=20	20 +
Niños 13	7 dólares	13x7=91	91 ————
			111

Como todas las entradas tuvieron un precio de 111 dólares y se pagaron con 150 entonces el vuelto fue de 39 dólares ya que 150-111=39

Por último, se revisa el resultado verificando el procedimiento

Y por razonamiento es posible que las respuestas sean correctas pues el precio total es mayor de los parciales y el vuelto lo podemos verificar así: 39 +111=150.

o puedo verificar así: ¿Es posible resolver de otra forma? Sí, claro; efectuando:
10+10+7+7+7+7+7+7+7+7+7+7+7+7+7=111
Y   150-111=39.

Respuesta:

Todas las entradas costaron 111 dólares y les devolvieron 39 dólares.

2) De la barra de chocolate
Luego de realizar la lectura comprensiva
me pregunto:
¿Qué condiciones hay? Datos
Una barra de chocolate de 8 tabletas
Me comí 2 tabletas de la barra
Compartí 3 tabletas
¿Qué piden? Incógnitas
¿Cuantas tabletas le quite a la barra de chocolate?
¿Cuantas me quedan?

En este caso se hace una representación de la situación   así:

c	r	r	
c	r		

La representación corresponde a la barra de chocolate con sus 8 tabletas, se destacan las tabletas que me comí (c), las tabletas que repartí (r); esto es, una unidad dividida en 8 partes iguales
Estrategia y ejecución. Estamos ante una situación problemática, en que, gracias a la representación gráfica de la situación, es muy intuitivo resolver las dos incógnitas.

Resulta evidente que se han comido la suma de las dos partes que aparecen marcadas con c y r en la representación. Asimismo, que ha sobrado la parte que no está marcada, que sería la diferencia entre el total y la parte coloreada.

¿Qué parte de la pastilla se han comido entre los dos?

$$\frac{2}{8} + \frac{3}{8} = \frac{5}{8}$$

¿Qué parte de la pastilla ha sobrado?

$$\frac{8}{8} - \frac{5}{8} = \frac{3}{8}$$

Revisión y evaluación.

Los resultados obtenidos son lógicos pues son valores menores de la unidad.

¿Se pueden obtener de otra forma?

Sí, a la barra entera, le podríamos restar, las tabletas que me comí y las que repartí, y el resultado final sería la parte de la barra que me queda. Para saber la parte de la barra de chocolate que le quite a la barra, se realiza la resta entre la unidad y el resultado obtenido.

$$\frac{8}{8} - \frac{3}{8} - \frac{2}{8} = \frac{3}{8}$$

$$\frac{8}{8} - \frac{3}{8} = \frac{5}{8}$$

Replanteamiento de problemas

En ocasiones es conveniente replantar los problemas para una mejor comprensión de los mismos; bien sea para abordarlos desde un planteamiento más específico o de uno más general. Para ello son usados dos procesos conocidos como:

a) Particularización; Particularizar consiste en concentrar la atención en ejemplos concretos, para entender mejor el significado del problema.

Particularizar un problema en casos concretos permite progresar en su resolución y es una ayuda en momento de bloqueo.

Particularizar sistemáticamente conduce a descubrir un esquema general que da una idea de por qué el resultado es válido o verdadero. Comprobar si el esquema descubierto es o no correcto exige nuevas particularizaciones

Un caso de la particularización es el **Contraejemplo**. Una sola excepción basta para refutar irrevocablemente lo que pretendía ser una regla o una afirmación de carácter general.

Por ejemplo:

Decidir sobre la veracidad o falsedad de la siguiente proposición

"Si n es un numero natural cualquiera, entonces 3n siempre es un numero primo"

Sea n=2 un numero natural, entonces

3n! =3.2! =6! =6.5.4.3.2.1=720

Y 720 no es primo ya que además de 1 y 120 posee otros divisores.2,3,4, …

Por lo tanto, la proposición es falsa.

b) Generalización; Significa pasar de un conjunto de objetos a otro conjunto más amplio que contenga al primero.

Es descubrir una ley general que permite justificar una conjetura, así como buscar un planteamiento más amplio del problema, cambiando el contexto, los datos o la solución.

Generalizar es observar aspectos comunes en distintos casos particulares con el objeto de formular conjeturas.

Este proceso permite buscar contextos más amplios que generalicen el problema a resolver.

Como ejemplo, se menciona:

Dados tres puntos A, B y C en el plano, encontrar un cuarto punto P tal que la suma de las distancias de los tres puntos a P sea mínima
La solución del problema es la siguiente:
Si en el triángulo ABC todos los ángulos son menores de 120º, P es el punto desde el cual cada uno de los tres lados subtiende un ángulo de 120º. Sin embargo, si un ángulo de ABC es igual o mayor de 120º, el punto P coincide con su vértice

Este problema ha tenido varias GENERALIZACIONES; entre ellas
i) A más puntos:
Dados n puntos en el plano, $A_1, A_2, ... A_n$, encontrar un punto P de modo que la suma de las distancias PA_i sea mínima.
ii) A una red más compleja:
Dados n puntos en el plano, $A_1, A_2, ... A_n$, encontrar un sistema conexo de segmentos rectilíneos de longitud mínima, de tal modo que dos puntos cualesquiera queden unidos por una poligonal formada por segmentos del sistema.

Entre la particularización y la generalización existe la siguiente relación:

La generalización es el paso inverso a la particularización y ambas suelen utilizarse juntas en esta secuencia:

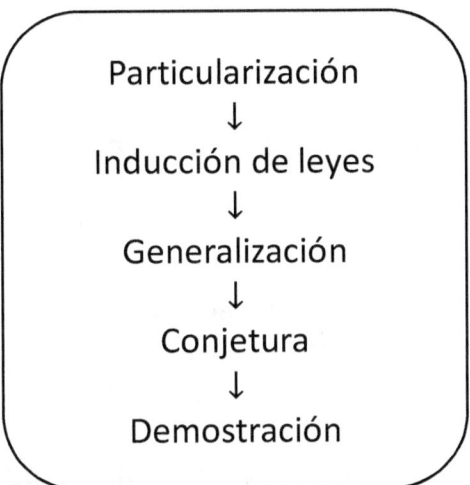

El proceso de generalización nos lleva a hacer conjeturas sobre una gran cantidad de casos a partir de unos pocos ejemplos.

Ejemplo: *Expresar la suma de las potencias cúbicas de los n primeros números naturales*

Particularizando, inducimos una ley:

$$1^3 + 2^3 + 3^3 + 4^3 = 1 + 8 + 27 + 64 = 100 = 10^2 = (1+2+3+4)^2$$

Generalizando, conjeturamos que:

$$1^3 + 2^3 + \ldots + n^3 = (1 + 2 + \ldots + n)^2$$

En resumen, se destaca la resolución de problemas en los procesos de enseñanza y aprendizaje de la matemática al responder dos interrogantes a saber:

¿Para qué?

- Fortalecer el dominio del lenguaje simbólico.
- Fijar el conocimiento de las operaciones fundamentales.
- Reforzar la representación gráfica, diagramación y esquematización.
- Relacionar formulas con datos e incógnitas.
- Desarrollar la capacidad de razonamiento lógico (deductivo, inductivo)
- Comprender la importancia de las matemáticas por su gran utilidad y/o aplicaciones, tanto en el entorno como en otras disciplinas

¿Por qué?

- Incentiva o motiva el aprendizaje.
- Desarrolla habilidades y destrezas
- Despierta el interés desde la aplicación en las diferentes áreas del saber.
- Genera confianza en sí mismo
- Da seguridad en cuanto a la toma de decisiones relacionadas con la asignatura.
- Constituye una herramienta influyente en el proceso de enseñanza de la matemática.

Actividad nº 1

a) Plantear un problema por cada caso:
1) Todas las condiciones influyen en la respuesta o solución
2) Hay condiciones que no se deben tomar en cuenta pues no se relacionan con la pregunta
3) Las condiciones no requieren de cálculos para obtener la respuesta.

b) Mencionar un problema donde aplique
1) Particularización
2) Generalización

Existen varios métodos, aportados por matemáticos, filósofos y psicólogos del campo educativo, para resolver problemas y cantidad de métodos que combinan y/o seleccionan partes de esos métodos, entre ellos:

Alan Shoenfeld

Los trabajos de Schoenfeld, constituyen, la búsqueda inagotable de explicaciones para la conducta de los resolutores reales de problemas.

Propone un marco con cuatro componentes en la resolución de problemas.

1) Análisis: - Trazar un diagrama si es posible. - Examinar casos particulares. - Probar a simplificar el problema

2) Exploración - Examinar problemas esencialmente equivalentes: sustituyendo condiciones por otras equivalentes, recombinando los elementos del problema - Examinar problemas ligeramente modificados: establecer subobjetivos, descomponer el problema en casos y analizar caso por caso. - Examinar problemas ampliamente modificados: construir problemas semejantes con menos variables, tratar de sacar partido de problemas afines respecto a la forma, los datos o las conclusiones

3) Ejecución.

4) Comprobación de la solución obtenida: Esta componente se llevará a cabo mediante la contestación a las siguientes cuestiones:
- ¿Utiliza todos los datos pertinentes? - ¿Está acorde con predicciones o estimaciones

razonables? - ¿Resiste a ensayos de simetría, análisis dimensional o cambio de escala? - ¿Es posible obtener la misma solución por otro método? - ¿Puede quedar concretada en casos particulares? - ¿Es posible reducirla a resultados conocidos? - ¿Es posible utilizarla para generar algo ya conocido?

Schoenfeld llegó a la conclusión de que para realizar el trabajo de resolución de problemas como una estrategia didáctica no solamente hay que tener en cuenta la heurística, sino también otros factores más que consideró de gran importancia:

> ➢ Recursos; Referidos a los conocimientos previos que poseen los individuos, como son las fórmulas, los conceptos, los algoritmos... En los que en ocasiones algunos pueden ser defectuosos, como por ejemplo alguna fórmula o procedimiento mal aprendido.

Otro aspecto relevante, es que el profesor ha de tener en conocimiento de cuáles son las herramientas con las que cuenta el sujeto que aprende, además de conocer cómo accede este a los conceptos que tiene, a este último concepto se le llama inventario de recursos.

➤ Control; Expone que este asunto se refiere a cómo un estudiante controla su trabajo, y descubrir si en algún momento de la resolución del problema seleccionó erróneamente las herramientas necesarias. Schoenfeld señala que la persona que está resolviendo el problema debe saber qué es capaz de hacer, con qué cuenta, o sea, conocerse en cuanto a la forma de reaccionar ante esas situaciones.

El entendimiento es un asunto que determina el control sobre el problema, el sujeto deberá tener claro de lo que trata el problema antes de resolverlo, este aspecto es común a la primera fase del método de Polya, "Comprender el problema", ya que resulta fundamental la interpretación de la situación problemática para su resolución. Habría que decir también que considerar varias formas posibles de elección y posteriormente seleccionar una específica sería una acción que involucra al control de manera directa ya que el resolutor debe optar por el modo de resolución que más le convenga en cada situación. Todavía cabe señalar, la idea del matemático de que la persona que se encuentra resolviendo el problema debe monitorizar el proceso y darse cuenta cuando un camino no es exitoso y abandonarlo para tomar uno nuevo, es decir, llevar a cabo el diseño de resolución y estar dispuesto a modificarlo si cabe. Por último, revisar el proceso de resolución.

> ➢ Sistema de creencias; Referido al conjunto de ideas y creencias que tiene el sujeto sobre las matemáticas. Teniendo en cuenta también las creencias del profesor y las creencias sociales.

Según Schoenfeld, las opiniones que reinan en nuestro ambiente tienen gran importancia sobre las actitudes que tomamos ante la resolución de los problemas.

> ➢ Heurísticas o estrategias de resolución. Existe una amplia, posiblemente incompleta, lista de heurísticas. Entre las más importantes cabría citar:
> > ➢ Buscar un problema relacionado o más sencillo.
> > ➢ Dividir el problema en partes.
> > ➢ Considerar un caso particular.
> > ➢ Hacer una tabla.
> > ➢ Empezar el problema desde atrás.
> > ➢ Variar las condiciones del problema.

En contra del pensamiento de Polya, Schoenfeld considera que cada tipo de problema necesita de ciertas heurísticas particulares. Es decir, Schoenfeld, cree cada problema tiene unas características diferentes, y la propuesta de Polya es genérica para todo tipo de problemas.

Como, por ejemplo, Polya sugiere como heurísticas realizar dibujos, pero el norteamericano piensa que no en todos los problemas se puede poner en práctica este aspecto.

Honores y premios de Alan Shoenfeld

- Academia Nacional de Educación de los Estados Unidos, 1994
- Miembro de la Asociación Americana para el Avance de la Ciencia, 2001
- Laureado, Kappa Delta Pi, 2006
- Miembro inaugural, Asociación Americana de Investigación Educativa, 2007
- Medalla Klein por logros de por vida en investigación, de la Comisión Internacional de Instrucción Matemática, 2011
- Premio Distinguido de Contribuciones a la Investigación en Educación, AERA, 2013
- Premio Mary P. Dolciani, Asociación Matemática de América, 2014
- Premio Walter Denham Memorial, Consejo de Matemáticas de California, 2014
- Doctor en Ciencias *Honoris Causa*, Queens College of the City University of New York, 2018

Alex Faickney Osborn.

Para Osborn la resolución de problemas es un proceso creativo en el que describe las siguientes etapas:

- La orientación; que es la etapa donde se indica o señala el problema.
- La preparación; en esta etapa, se reúnen los datos pertinentes.
- El análisis; que consiste en sacar el material relevante.
- La ideación; que describe como el acopio de ideas y alternativas
- La incubación; que es la etapa de la invitación a la libre asociación, sueño.
- La síntesis; que es agrupar y clasificar ideas.
- La verificación; Es la etapa para evaluar las ideas, planificar su ejecución y llevarla a cabo.

Considera 4 componentes que influyen en la resolución de problemas:

- ➢ Recursos cognitivos: conjunto de hechos y procedimientos a disposición del resolutor.
- ➢ Heurísticas: reglas para progresar en situaciones dificultosas.
- ➢ Control: Aquello que permite un uso eficiente de los recursos disponibles.
- ➢ Sistema de creencias: Nuestra perspectiva con respecto a la naturaleza de la matemática y como trabajar en ella.

Cada uno de los componentes explica las carencias en la resolución de problemas de los resolutores reales. Así, cuando a pesar de conocer las heurísticas no se sabe cuál utilizar señala la ausencia de un buen control. Pero las heurísticas y un buen control no son suficientes, pues puede que el resolutor no conozca un hecho, algoritmo o procedimiento del problema en cuestión. En este caso se señala la carencia de recursos cognitivos.

La característica más importante del proceso de resolución de un problema es que, por lo general, no es un proceso paso-a-paso sino más bien un proceso titubeante.

En el proceso de resolución, Schoenfeld ha señalado que tan importante como las heurísticas es el control de tal proceso, a través de decisiones ejecutivas (qué hacer en un problema).

Son decisiones ejecutivas:

> ➢ Hacer un plan.
> ➢ Seleccionar objetivos.
> ➢ Buscar los recursos conceptuales y heurísticos.
> ➢ Evaluar el proceso de resolución a medida que evoluciona.
> ➢ Revisar o abandonar planes cuando su evaluación indica que hay que hacerlo.

Son, por tanto, decisiones acerca de qué caminos tomar, pero también acerca de qué caminos no tomar.

Cuanto más precisas sean las respuestas a las preguntas: ¿Qué estoy haciendo?, ¿Por qué lo hago?, ¿Para qué lo hago?, ¿Cómo lo usaré después?, mejor será el control global que se tenga sobre el problema.

Sus libros:

- Un curso corto en la publicidad (1921).
- Cómo "Pensar". (1942)
- Su poder creativo (1948.)
- Despierta tu mente: 101 maneras de desarrollar creatividad. (1952).
- Imaginación aplicada: principios y procedimientos de solución creativa de problemas, (1953).

Ann Brown

El método de resolución de Ann Brown plantea las siguientes etapas:

1) Conocer el repertorio de estrategias que se posee y su uso apropiado
2) Identificar y definir el problema
3) Identificar y definir el problema
4) Identificar y definir el problema

Sus trabajos destacados:

Palincsar, A.S., & Brown, A.L. (1984). Reciprocal teaching of comprehension-fostering and comprehension-monitoring activities. Cognition and Instruction, 1(2), 117-175. (159 Citations, PsycINFO)

Brown, A.L. (1992). Design experiments: Theoretical and methodological challenges in creating complex interventions in classroom settings. The Journal of the Learning Sciences, 2(2), 141-178. (147 Citations, PsycINFO)

Brown, A.L., & Campione, J.C. (1994). Guided discovery in a community of learners. In K. McGilly (Ed.), Classroom lessons: Integrating cognitive theory and classroom practice. Cambridge, MA: MIT Press/Bradford Books.

Brown, A.L., & Campione, J.C. (1996). Psychological theory and the design of innovative learning environments: On procedures, principles, and systems. In L. Schauble & R. Glaser (Eds.), Innovations in learning: New environments for education (pp. 289–325). Mahwah, NJ: Erlbaum.

Actividad nº 2

Elabora un cuadro comparativo con las semejanzas y diferencias entre los métodos mencionados.

George Polya

Su método de resolución de problemas consta de las siguientes etapas:

1) Entender el problema: El problema debe escogerse adecuadamente, ni muy difícil ni muy fácil, y debe dedicarse un cierto tiempo a exponerlo de un modo natural e interesante. El maestro formulará las siguientes preguntas para comprobar que el enunciado verbal del problema se ha comprendido.
¿Cuál es la incógnita? ¿Cuáles son los datos? ¿Cuál es la condición?
¿Es posible satisfacer la condición?: En esta pregunta no se espera una respuesta definitiva, sino más bien provisional. En caso de haber alguna figura relacionada con el problema, se debe dibujar la figura y destacar en ella la incógnita y los datos.
2) Crear un plan: Polya nos explica en su libro que tenemos un plan cuando sabemos, en cierto modo, qué cálculos, qué razonamientos o construcciones haremos de efectuar para determinar la incógnita. Propone que el maestro conduzca a la idea de concebir el plan sin imponérselo. Se puede plantear la siguiente pregunta ¿Conoce algún problema relacionado? Si se llega a

recordar algún problema ya resuelto que esté relacionado con nuestro problema actual debemos tratar de preguntar si se puede hacer uso de él. En caso negativo, debemos cambiar, transformar o modificar el problema. Una modificación del problema puede conducirnos a algún otro problema auxiliar apropiado, y al tratar de utilizar otros problemas o teoremas que ya conocemos, podemos desviarnos y alejarnos de nuestro problema primitivo. Unas preguntas para conducir de nuevo a él son:

¿Ha empleado todos los datos?; ¿Ha hecho uso de toda la condición?

3) Llevar a cabo el plan: Al ejecutar el plan se debe comprobar que cada uno de los pasos sea correcto.
4) Revisar e interpretar el resultado: El matemático puntualiza que una vez obtenida la solución del problema y expuesto claramente el razonamiento, existe un medio rápido e intuitivo para asegurarse de la exactitud del resultado o del razonamiento, mediante las preguntas: ¿Puede verificar el resultado? ¿Puede verificar el razonamiento? ¿Puede obtener el resultado de un modo distinto?

Polya considera que hay varios procedimientos para resolver problemas, los cuales son:
- Aplicación matemática o analogía
- Generalización.
- Inducción.
- Búsqueda de algoritmo o variación del problema.
- Meta parcial o problema auxiliar.
- Reconocimiento de patrones.
- Reducción de la complejidad.
- Especialización.
- Análisis o descomposición y recombinación.
- Trabajando hacia atrás.
- Razonamiento esquemático, dibujando un esquema.
- Extensión o elementos auxiliares.

Algunas citas

Él fue el único alumno que me dio miedo (comentario acerca de John von Neumann).

How I need a drink, alcoholic of course, after the heavy chapters involving quantum mechanics. (regla mnemotécnica para los primeros quince dígitos de π; siendo las longitudes de las palabras los dígitos). Esta regla nemotécnica, habitualmente atribuida a Pólya, en realidad se debe al matemático británico James Jeans (1877-1946).

Si no puedes resolver un problema, entonces hay una manera más sencilla de resolverlo: encuéntrala

Un gran descubrimiento resuelve un gran problema, pero hay una pizca de descubrimiento en la solución de cualquier problema. Tu problema puede ser modesto, pero si es un reto a tu curiosidad y trae a juego tus facultades inventivas, y si lo resuelves por tus propios métodos, puedes experimentar la tensión y disfrutar del triunfo del descubrimiento.

Fantasear es imaginar cosas que no tienes, puede ser malo igual que demasiada sal es mala en la sopa o incluso un poco de ajo en un pastel de chocolate. Quiero decir que las fantasías pueden ser malas si hay demasiadas o si están en el lugar equivocado, pero pueden ser buenas por sí mismas y una gran ayuda en la vida y en la solución de problemas.

Graham Wallas.

El método de resolución de problemas de Graham Wallas consta de 4 etapas a saber:

1) Preparación: Es la etapa de recolección de la información e intentos preliminares de solución.

2) Incubación: Se refiere a dejar el problema de lado para realizar otras actividades o descansar.

3) Iluminación: Es cuando se produce la aparición de la idea clave para la resolución.

4) Verificación: Etapa final en la que se comprueba la solución.

Para Wallas la resolución de problemas es un proceso de producción creativa.

Por lo que las palabras claves para cada etapa son:

Información para la etapa de preparación

Trabajo mental inconsciente para la etapa que denomina Incubación

Emergencia de la solución para la etapa Iluminación

Evaluación y prueba de la solución para la etapa verificación

Obras

1889, Property under Socialism in Fabian Essays

1897, Life of Francis Place

1908, Human Nature in Politics

1914, The Great Society

1921, Our Social Heritage

1926, The art of Thought

1934, Social Judgement

1940, Men and Ideas, recueil d'articles avec une préface de Gilbert Murray

Miguel De Guzmán

Partiendo de las ideas de Polya y de los trabajos de Schoenfeld ha elaborado un modelo, donde se incluyen tanto las decisiones ejecutivas y de control como las heurísticas. La finalidad es que la persona examine y remodele sus propios métodos de pensamiento a fin de eliminar obstáculos y de llegar a establecer hábitos mentales eficaces.

Este modelo consta de las siguientes etapas:

1)Familiarízate con el problema: Trata de entender a fondo la situación. Incluye todas las acciones encaminadas a la comprensión del problema. Propone una serie de cuestiones para ello - ¿De qué trata el problema? - ¿Cuáles son los datos? - ¿Qué pide determinar o comprobar el problema? - ¿Disponemos de datos suficientes? - ¿Guardan los datos relaciones entre sí?

2) Búsqueda de estrategias: Empieza por lo fácil. Se trata de seleccionar qué estrategias se adecúan más a la naturaleza del problema. Las más usuales son: - Simplificación del problema, concretándolo hasta tener la posibilidad de abordarlo. - Representación gráfica - Organización, codificación: (Viar 2007)

La organización general consiste en adoptar un enfoque sistemático del problema. Suele ser de gran ayuda enfocar el problema en términos de tres componentes fundamentales: antecedentes (origen y datos), el objetivo y las operaciones que pueden realizarse en el ámbito del problema. - Semejanza: se refiere a la búsqueda de semejanzas (parecidos, relaciones, similitudes en el "archivo de la experiencia, con casos, problemas, juegos etc. que ya se hayan resuelto. Viar (2007) Experimenta; Hazte un esquema. Busca un problema semejante.

3) Lleva adelante tu estrategia: Selecciona y lleva adelante las mejores ideas que se te han ocurrido en la fase anterior. En este momento se juzga entre todas las estrategias

que han surgido, aquella o aquellas que tengan más probabilidad de éxito. Después de elegir una la llevamos adelante con decisión y si sucediesen dificultades, volveríamos a la fase anterior de búsqueda de estrategias hasta conseguir dar con la o las adecuadas que nos conduzcan a la solución. (Viar, 2007)

4) Actúa con flexibilidad: Revisa el proceso y saca consecuencias de él.

Examina a fondo el camino que has seguido. ¿Cómo has llegado a la solución?

Reflexiona sobre tu propio proceso de pensamiento y saca consecuencias. Una vez finalizado el problema, se pasaría a realizar una reflexión, cuya guía puede ser la siguiente serie de sugerencias.

¿Cómo hemos llegado a la solución?

Buscar un camino más simple

Tratar de entender por qué funciona

Reflexionar el proceso de pensamiento

Estudiar qué otros resultados podríamos obtener con este método.

Guzmán considera las siguientes estrategias para resolver un problema

- Aplicación matemática o analogía
- Generalización.
- Inducción.
- Búsqueda de algoritmo o variación del problema.
- Meta parcial o problema auxiliar.
- Reconocimiento de patrones.
- Reducción de la complejidad.
- Especialización.
- Análisis o descomposición y recombinación.
- Trabajando hacia atrás.
- Razonamiento esquemático, dibujando un esquema.
- Extensión o elementos auxiliares.

Obras:
- Cómo hablar, demostrar y resolver en matemáticas
- Ecuaciones diferenciales ordinarias. Teoría de estabilidad y control
- Aventuras matemáticas
- Los matemáticos no son gente seria
- Para pensar mejor: Desarrollo de la creatividad a través de los procesos matemáticos.
- Ecuaciones diferenciales

Actividad nº 3

Elabora una lista de las semejanzas entre los modelos de resolución de problemas, mencionados plantea un problema y resuélvelo con esas semejanzas. Indicando claramente cada una.

Jerome Bruner

Su teoría del desarrollo de habilidades mentales está basada en la resolución de problemas; destacando que la resolución de problemas contribuye notablemente a la Formación de conceptos, el lenguaje y el significado.

Dentro de esta teoría podemos diferenciar cuatro aspectos relevantes:

1) Disposición para aprender.

Esta teoría se interesa por las experiencias y contextos influyentes en el niño.

2) Estructura de los conocimientos.

Hace referencia a la forma específica en la que un conjunto de conocimientos debe estructurarse para que el aprendizaje sea más fácil de comprender.

3) Secuencia.
Momento en el que se especifica las secuencias, pasos o procedimiento más efectivo para presentar los materiales.

4) Reforzamiento.

Es el encargado de determinar la naturaleza y el esparcimiento de la recompensa, moviéndose desde las motivaciones extrínsecas a las intrínsecas, es decir, en función de la conducta deseada o no deseada; para que sean repetidas o no, se aplicará un tipo de reforzamiento, pudiendo ser este o bien negativo, o positivo

Obras en español.
- Hacia una teoría de la instrucción (1972)
- Acción, pensamiento y lenguaje (1984)
- El habla del niño (1986)
- La importancia de la educación (1987)
- Actos de significados (1972))
- La educación puerta de la cultura (1997)
- La fábrica de historias. Derecho, literatura, vida, (2003 al castellano)

John Dewey

Su modelo de resolución de problemas consta de las siguientes etapas:

1) Definir el problema

2) Analizarlo

3) Establecer criterios para soluciones

4) Proponer posibles soluciones

5) Evaluar y elegir una solución

6) Implementarla

7) Hacer seguimiento

Expone una particularidad, referida a la resolución de problemas en grupo. Y menciona las siguientes etapas.

> Orientación: Los miembros del grupo evitan el conflicto y son poco propositivos, falta confianza, ganan comprensión del problema
> Conflicto: Los miembros toman posiciones fuertes; algunos grupos nunca superan esta etapa

- Aparición: Terminan los desacuerdos y resuelven el problema. Posiciones fuertes dejan paso a la decisión del grupo.
- Reforzamiento: Compromiso activo de cada miembro a la solución elegida.

Obras
- Psicología (1986)
- Estudios en teoría Lógica (1903)
- Experiencia e idealismo objetivo (1907)
- Experiencia y naturaleza (1925)
- Lógica; Teoría de la investigación (1938)
- Problemas de los hombres (1946)

Joseph Rossman

Para Rosman la resolución de problemas es un proceso de invención; en su modelo considera 7 etapas:

1) Observar

2) Formular

3) Recapitular.

4) Proponer.

5) Examinar.

6) Formular.

7) Probar.

Que de manera específica indican:

1) Observar la necesidad o dificultad.
Para ser creativos primero debemos identificar las necesidades o problema, ser observadores ver que tan dificultoso es y hacer un análisis de la necesidad o problema, sus causas o motivos que genera esa dificultad.

2) Formular el problema. De haber observado la necesidad o dificultad, debemos formularnos el problema, encasillar el problema, puede que el problema no sea el todo sino parte de ese todo, debemos colocar atención en ello definir el problema.

3) Recapitular la información disponible. Recolectar toda la información del problema, ya que mientras más información, mejores decisiones podemos tomar y mientras más información tengamos más ideas creativas surgirán, clasificar la información, dependiendo los grados de importancia.

4) Proponer soluciones. Gracias a la creatividad podemos dar soluciones a todo tipo de problema o dificultades de la forma más innovadora e inteligente que nos permite tanto crear soluciones como modifica estas con el fin de satisfacer los problemas y dificultades

5) Examinar críticamente. Analizar si efectivamente es la mejor solución, la óptima, económica eficaz, eficiente y por sobretodo creativa, ya que hay veces que la solución a los problemas y necesidades suele ser muy creativa e innovadora, pero se carece de los recursos y tecnologías para realizarlas, por eso se considera la mejor solución, la más creativa, pero también la más económica, no

se requiere de grandes recursos para ser creativos, todo pasa por el problema y el ingenio de la mente humana.

6)Formular nuevas ideas. ¿cómo nacen las ideas?, las ideas nacen de las experiencias, estas experiencias al combinarlas con ingenio, creatividad y hasta quizás un poco de locura, permiten desarrollar las mejores ideas, pero de estas se debe establecer cuales son factibles y cuales se pueden realizar, además si satisfacen el problema o la necesidad, aunque cabe destacar que muchos inventos han sido productos de errores y que sin querer ha llegado a ser descubiertos.

7)Probar las nuevas ideas o examen y aceptación de las nuevas ideas. Una vez realizado los pasos anteriores se debe colocar en marcha la idea, ya que una idea no sirve de nada si está en la cabeza, por lo tanto, debemos materializarla, además esta idea se debe testear y ver si es la mejor solución en relación a los recursos disponibles, una vez que funciona y satisface la necesidad o soluciona el problema podemos decir que este producto o servicio nuevo (modificado o creado) es útil, factible de hacer y aceptado.

Fases del proceso creativo

➢ Necesidad/Dificultad percibida
➢ Problema formulado
➢ Informaciones disponibles examinadas
➢ Soluciones revisadas críticamente
➢ Soluciones formuladas
➢ Nuevas ideas formuladas
➢ Nuevas ideas propuestas

Joy Paul Gilford

Para Guilford la principal capacidad para resolver problemas es la fluidez del pensamiento; por lo que el método que propone para la resolución de problemas consta de 7 etapas:

1) Observación.
2) Conocimiento.
3) Producción.
4) Evaluación.
5) Nuevas pruebas.
6) Nuevas respuestas.
7) Comprobación.

Cada una de las cuales se refiere específicamente a:

1) Observación para obtener Información visual- figural
2) Conocimiento del problema sentido y estructurado.
3) Producción de respuestas de solución.
4) Evaluación de las respuestas.
5) Nuevas pruebas de la estructura del problema y objeción de nueva información.
6) Idear nuevas respuestas y evaluarlas.
7) Comprobar en la acción las mejores.

Publicaciones

1939. General psychology. New York, D. Van Nostrand Company, Inc.

1950. Creativity, American Psychologist 5 (9): 444–454.

1967. The Nature of Human Intelligence. Con R. Hoepfner.

1971. The Analysis of Intelligence.

1982. Cognitive psychology's ambiguities: Some suggested remedies. Psychological Review, 89, 48–59.

Actividad nº 4

Realiza un cuadro comparativo de diferencias de los métodos de resolución de problemas, selecciona, entre todos, las etapas que consideras son básicas para la resolución de problemas, describa cada una y justifica porque son tan imprescindible en tu proceso de resolución de problemas.

Rene Descartes.

Para Descartes un método es:

"Una serie de reglas ciertas y fáciles, tales que todo aquel que las observe exactamente no tome nunca a algo falso por verdadero y sin gasto alguno de esfuerzo mental, sino por incrementar su conocimiento paso a paso, llegue a una verdadera comprensión de todas aquellas cosas que no sobrepasen su capacidad".

Su método para resolver problemas se describe desde las siguientes reglas:

1) De la evidencia, que expresa:

" no recibir jamás por verdadera cosa alguna que no la reconociese evidentemente como tal; es decir, evitar cuidadosamente la precipitación y la prevención y no abarcar en mis juicios nada más que aquello que se presentara a mi espíritu tan clara y distintamente que no tuviese ocasión de ponerlo en duda".

2) Del análisis:

"Dividir cada una de las dificultades que examinara, en tantas parcelas como fuere posible y fuere requerido para resolverlas mejor."

3) De la síntesis:

"Conducir por orden mis pensamientos, comenzando por los objetos más simples y más fáciles de conocer para subir poco a poco, como por grados, hasta el conocimiento de los más complejos, incluso suponiendo un orden entre aquellos que no se preceden naturalmente los unos a los otros".

4) Del recuento:

"Hacer en todo enumeraciones tan completas y revisiones tan generales que quedase seguro de no omitir nada".

Que se resumen así:

Enunciados de las reglas	
	No aceptar nada como cierto hasta no haber reconocido claramente lo que es.
	Dividir cada dificultad por examinar en tantas partes como sea posible
	Llevar a cabo las reflexiones en el orden debido, comenzando con los objetivos mas simples y fáciles de entender
	Hacer las enumeraciones tan completas y las revisiones tan generales que pueda tener la seguridad de no haber omitido nada

Obras traducidas al español

- Regla para la dirección del espíritu (1628)
- El mundo (1633)
- Discurso del método (1637).
- Meditaciones metafísicas (1641)
- Principios de filosofía (1644)
- Las pasiones del alma (1649)

Modelo de Bransford y Stein.

El investigador John Bransford, plantea que las dificultades para resolver problemas, generalmente, se debe a que las personas no se valen de métodos eficaces.

Afirma que, una forma de mejorar nuestra capacidad para resolver problemas o adoptar decisiones es aprender un método para lograrlo.

Trabajando con Stein, formulan un método para resolver problemas que consta de 6 fases, que son:

1. Identificar el problema. Esta fase tiene la intención de ayudar a identificar claramente el problema.

2. Definir el problema. Significa procurar describirlo y representarlo con toda la precisión y cuidado que sea posible. Formularlo, a veces, en forma de pregunta. Una adecuada forma de representación conduce a una eficiente solución.

3. Explorar posibles soluciones. Explorar vías o métodos de solución. Esto requiere analizar, cómo estamos reaccionando ante el problema y la consideración de otras

estrategias de las cuales podríamos valernos.

4. Descomponer el problema en sus componentes elementales. Esto resulta hacer el problema más sencillo. Lo mismo ocurrirá si somos sistemáticos en el esfuerzo por comprender y entender la información.

5. Actuar conforme a un plan.

6. Evaluar los logros alcanzados. Actuar basándose en una adecuada definición del problema y en la opción por una estrategia o plan conveniente y observar si se ha logrado hacerlas funcionar

La propuesta, creada por Bransford y Stein, basados en Polya con la intención de facilitar la identificación y el reconocimiento de las distintas partes a tener en cuenta en la resolución de problemas; es conocida como el método ideal

Las letras de la palabra IDEAL indican los elementos del método.

Enunciando las fases del método de la siguiente manera:

Identificación de los problemas: esta fase tiene la intención de ayudar a identificar los problemas.

Definición y representación del problema: consiste en definir y representar el problema con toda la precisión y cuidado que sea posible.

Exploración de posibles estrategias: se dirige a la indagación de distintos métodos de resolución del problema, además de analizar cómo se está reaccionando en ese momento ante el problema.

Actuación: fundada en una estrategia.

Logros: Observación y evaluación de los efectos de nuestras actividades.

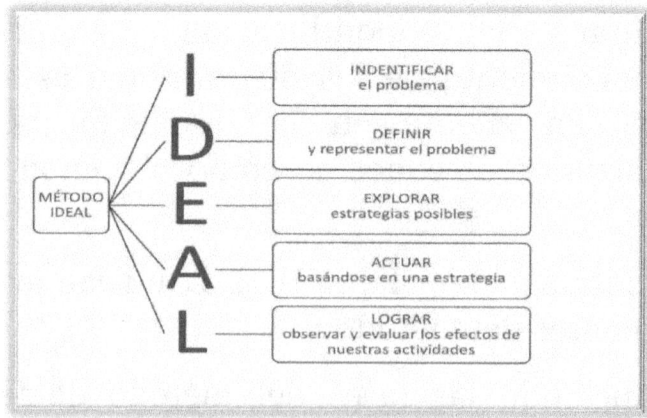

Modelo de Mason y Burton.

Este modelo analiza el pensamiento y la experiencia matemática en general, que engloba como un caso particular la resolución de problemas.

Muestra la influencia que tiene el desarrollo del razonamiento matemático en el conocimiento de nosotros mismos y del mundo que nos rodea.

Las emociones de quien resuelve el problema, son elementos indispensables en el proceso de razonar matemáticamente, que considera motivado por una situación en la que se mezclan contradicción, tensión y sorpresa en una atmósfera de preguntas, retos y reflexiones. El enfoque positivo que se concede al hecho de estar atascado o atascada, que considera una situación muy digna y constituye una parte esencial del proceso de mejora del razonamiento, valorando más un intento de resolución fallido que una cuestión resuelta rápidamente y sin dificultades ya que lo que importa no son las respuestas sino los procesos.

Presenta tres (3) fases:

Fase 1. Abordaje

Esta fase está encaminada a comprender, interiorizar y familiarizarse con el problema. Después de leer cuidadosamente el problema es necesario contestar las siguientes preguntas: ¿Qué es lo que sé?, ¿Qué es lo que quiero?, ¿Qué es lo que puedo usar? Esta fase puede darse por concluida cuando se es capaz de representar y organizar la información mediante símbolos, diagramas, tablas o gráficos.

Fase 2. Ataque

Es la fase más compleja ya que en ella se trata de asociar y combinar toda la información de la fase anterior. Es en esta fase donde intervienen las distintas estrategias heurísticas que nos permiten acercarnos a la solución del problema. Los procesos matemáticos fundamentales, que aparecen en esta fase son: La inducción, que se materializa en el hecho de hacer conjeturas orientadas a conseguir la solución del problema, La deducción que pretende justificar dichas conjeturas mediante las leyes lógicas a través de los teoremas matemáticos.

Fase 3. Revisión

Cuando se consigue una solución es conveniente revisarla e intentar generalizarla a un contexto más amplio, para esto es necesario: Comprobar la solución, los cálculos, el razonamiento y que la solución corresponde al problema Generalizar a un contexto más amplio, buscar otra forma de resolverlo o modificar los datos iniciales. Redactar la solución dejando claro qué es lo que se ha hecho y porqué.

Actividad nº 5

Selecciona uno de los métodos mencionados, plantea un problema y resuélvelo destacando y organizadamente cada fase o etapa.

Comparación entre los métodos mencionados.

El primer aspecto que se debe comparar entre los métodos de resolución de problemas es el termino resolución de problemas, es decir que representa, que es, que significa; la resolución de problemas para los filósofos, psicólogos y matemáticos que se dedicaron a formular métodos para la resolución de problemas, mencionados en este tomo.

Para	Es
Brunner	La acción que desarrolla la creatividad de imágenes mentales y el lenguaje simbólico
Descartes	Un medio para obtener conocimientos
Dewey	La incentivación del aprendizaje
Guilford	Desarrollar la capacidad: fluidez del pensamiento
Guzmán	Una propuesta didáctica
Moles	Un análisis morfológico.
Osborn	Un proceso creativo
Polya	Un arte
Rosman	Un proceso de invención
Schounfield	Una estrategia didáctica

Comparando los modelos en los que habla de etapas.

Etapas		
Dewey	Wallas	Rossman
Encontrar el problema		Observar una dificultad
Definir el problema		Formular el problema
	Preparación	Revisar la información
	Incubación	
Posibles soluciones	Iluminación	Formular las soluciones
Analizar las consecuencias	Elaboración	Examinar las soluciones
		Formular nuevas ideas
Aceptar la solución		Aceptar nuevas ideas

Etapas	
Bransford-Stein	Brunner
Identificar el problema	Disposición para aprender
Definir y representar el problema	Estructura de conocimiento
Explorar estrategias posibles	Secuencia
Actuar basándose en una estrategia	Reforzamiento
Lograr observando y evaluando los efectos de las actividades	

Comparando los modelos en los que habla de fases

Fases		
Osborn	Moles	Guilford
Orientación	Enunciar el problema	Información
Preparación	Selección de V.I.	Conocimiento
Análisis	Desarrollo de subcategorías	Producción.
Ideación	Construcción	Evaluación
Incubación	Comprobación	Nuevas pruebas
Síntesis	Investigación	Ideación de nuevas respuestas
Nuevas ideas y Verificación;	Ensayo y verificación	Comprobación

Comparando los modelos en los que habla de fases componentes.

Componentes		
Polya	Mason-Burton	Guzmán
Comprender el enunciado	Abordaje	Familiarización con el problema
Confección de un plan		Búsqueda de estrategia
Ejecución del plan	Ataque	Llevar adelante la estrategia
Examinar solución/visión retrospectiva	Revisión o reflexión	Revisar el proceso y sacar conclusiones

Comparando los modelos donde se habla de reglas

Reglas		
Brown	Descartes	Guilford
Conocer estrategias	Evidencia	Observación
Identificar y definir el problema	Análisis	Conocimiento
Planificar y secuenciar acciones	Síntesis	Producción
Supervisar, comprobar, revisar y evaluar	Recuento	Evaluación
		Nuevas pruebas
		Nuevas respuestas
		Comprobación

Se observa que, aunque las etapas, fases, reglas o componentes; son identificadas con nombres distintos estas representan en la practica la misma acción.

En todos los métodos se muestra la actividad como una sucesión ordenada de acciones o pasos; que difieren en cantidad, por las que va pasando el sujeto.

Se describe el proceso de resolución de problemas desde fuera del sujeto a través de los distintos estadios por los que este transcurre.

En general estos métodos implican una serie de capacidades y habilidades del pensamiento, importante de desarrollar y evaluar durante la preparación académica, determinante en la formación de cada individuo.

Todos los métodos constituyen una actividad cognitiva que permite organizar el proceso de obtener una respuesta a partir de una situación.

Respecto al contenido general se puede señalar que todos los métodos parten de la identificación y/o argumentación del problema que requiere una solución o respuesta, para lo cual se realiza un plan estratégico, alternativas o vías de solución cuyo análisis genera los resultados, soluciones o respuestas buscadas, que posteriormente son evaluadas, comparadas, comprobadas, confrontadas, verificadas.

Partiendo de la consideración de describir; por una parte, Método y modelo como las propuestas de resolución de problemas que han legado algunos matemáticos, filósofos y psicólogos; y por otra, los procedimientos y estrategias como los procesos intermedios que forman parte de una alguna de las fases, etapas, reglas o componentes de los modelos o métodos.

Es de consideración, la comparación también entre las estrategias y/o procedimientos.

Polya	Shoenfield	Guzmán
Aplicación matemática o analogía	Buscar un problema relacionado o más sencillo.	Aplicación matemática o analogía
Generalización.	Dividir el problema en partes.	Generalización.
Inducción.	Considerar un caso particular.	Inducción.
Búsqueda de algoritmo o variación del problema	Hacer una tabla.	Búsqueda de algoritmo o variación del problema
Meta parcial o problema auxiliar.		Meta parcial o problema auxiliar
Reconocimiento de patrones.		Reconocimiento de patrones.
Reducción de la complejidad.		Reducción de la complejidad
Especialización.		Especialización.
Análisis o descomposición y recombinación		Análisis o descomposición y recombinación
Trabajando hacia atrás.	Empezar el problema desde atrás.	Trabajando hacia atrás.
Razonamiento esquemático, dibujando un esquema.		Razonamiento esquemático, dibujando un esquema.
Extensión o elementos auxiliares	Variar las condiciones del problema	Extensión o elementos auxiliares

Actividad nº 6

Describe y ejemplifica cada una de las estrategias y/o procedimientos mencionados.

Un problema varias formas de resolución.

Un mismo planteamiento de problema puede ser enfocado de varias formas (grafica, algebraica, analítica, etc.), obteniéndose siempre la misma respuesta.

Ejemplos:

1) En un estacionamiento habían 2 vehículos y luego llevaron 3 más.
¿Cuantos vehículos hay en el estacionamiento?

Primera forma :Por representacion.

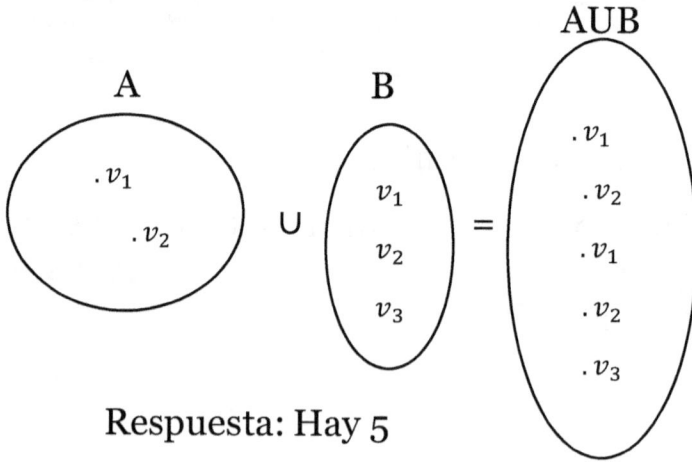

Respuesta: Hay 5 vehículos ya que #A+#B=#AUB

$$2+3=5$$

Segunda forma de resolución del problema; por algoritmo

1) Identificar los datos

2) seleccionar la operación

3) Dar respuesta.

Datos	Operación	Respuesta
$v_i = 2$ $v_f = 3$ $v_t = ?$	2 +3 ___ 5	En el estacionamiento hay 5 vehículos

Tercera forma: Por Graficación.

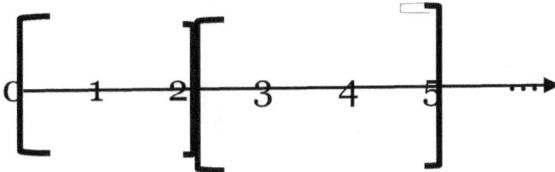

Se observa que luego hay 5

2) Un docente entrega a cada uno de los participantes de su clase, fichas de colores y les solicita que las agrupen de 2 en 2, de 3 en 3 y luego de 4 en 4. Al hacerlo los jóvenes notan que:
Al formar grupos de 2 en 2 sobra 1
Al formar grupos de 3 en 3 sobra 1
Al formar grupos de 4 en 4 sobra una ficha.
¿Cuantas fichas entrego el docente a cada alumno?

1ª Forma: Buscar múltiplos de 2,3 y 4 y marcar los múltiplos comunes entre ellos.

Múltiplos de 2:
{2,4,6,8,10,12,14,16,18,20,22,24,26,28,30...}

Múltiplos de 3:
{3,6,9,12,15,18,21,24,27,30...}

Múltiplos de 4:

{4,8,12,16,20,24,28, 32, ...}

Luego sumar 1 a estos números (ya que siempre sobra 1 al agruparlos).

Ejemplo : $12 + 1 = 13$,
            $24 + 1 = 25$,
            $36 + 1 = 37$, etc.

2ª Forma : Buscar cualquier número al azar y analizar.

Por ejemplo: 4

- Si se agrupa en 2 sobra 0.
- Si se agrupa en 4 sobra 0.
- Si se agrupa en 3 sobra 1.

El número 4 no cumple las condiciones.

Por ejemplo: 7

- Si se agrupa en 2 sobra 1.
- Si se agrupa en 3 sobra 1.
- Si se agrupa en 4 sobra 3.

El número 7 no cumple las condiciones.

Por ejemplo: 13

- Si se agrupa en 2 sobra 1.
- Si se agrupa en 3 sobra 1.
- Si se agrupa en 4 sobra 1.

¡El número 13 cumple las condiciones!

3ra forma: Tabla o cuadro comparativo

Múltiplos de 2		Múltiplos de 3		Múltiplos de 4	
2x1=2	2x2=4	3x1=3	3x2=6	4x1=4	4x2=8
2x3=6	2x4=8	3x3=9	3x4= 12	4x3= 12	4x4=16
2x5=10	2x6= 12	3x5=15	3x6=18	4x5=20	4x6= 24
2x7=14	2x8=16	3x7=21	3x8= 24	4x7=28	4x8=32
2x9=18	2x10=20	3x9=27	3x10=30	4x9= 36	4x10=40
2x11=22	2x12= 24	3x11=33	3x12= 36	4x11=44	4x12=48
2x13=26	2x14=28	3x13=39	3x14=42	4x13=52	4x14=56
2x15=30	2x16=32	3x15=45	3x16=48	4x15=60	4x16=64
2x17=34	2x18= 36	3x17=51	3x18=54	4x17=68	4x18=72
⋮	⋮	⋮	⋮	⋮	⋮

Extraemos los múltiplos comunes y le adicionamos la unidad que siempre queda

Múltiplos comunes (M.C)	M.C mas la unidad	Resultados correspondiente al numero de fichas
12	12+1	13
24	24+1	25
36	36+1	37

4ta forma: Razonamiento

Como 12 es el mínimo común múltiplo entre 2,3, y 4 entonces los valores serían los múltiplos de 12 aumentados en una unidad.

Por lo que los valores posibles del resultado serian:

(12) +1= {12+1,24+1,36+1,48+1, ...} = {13,25,37, 49, ...}.

Podemos afirmar que el mínimo de fichas con que pudo haber trabajado cada estudiante fue 13, pero no es posible asegurar cuanto fue el máximo.

Si se conociera el total de fichas que el docente repartió, si podríamos asegurar cuantas fichas recibió cada participante

3) Sin un triángulo rectángulo tiene dos lados que miden 2cm y 3 cm. ¿Cuál es la medida del tercer lado ?;si este es el lado opuesto al ángulo recto.

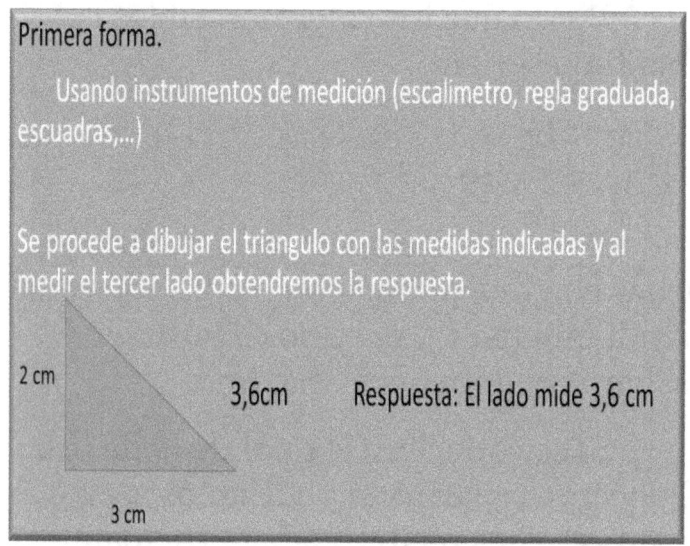

Segunda forma: Por teorema

Como es un triángulo rectángulo, aplicaremos el conocido teorema de Pitágoras que indica que el cuadrado de la medida del lado opuesto al ángulo de 90 grados es igual a la suma de los cuadrados de las medidas de los otros dos lados llamados catetos.

Siendo h la hipotenusa, a y b los catetos tendremos: $h^2=a^2+b^2$ y despejando a h se obtendría h=$\sqrt{a^2+b^2}$

$h=\sqrt{a^2+b^2} \rightarrow h=(\sqrt{2^2+3^2})\text{cm} \rightarrow$

$h=\sqrt{13}$ cm $\rightarrow$ h=3,6cm

Respuesta:

La medida del lado opuesto al ángulo recto es de 3,6 cm

Actividad n° 7

Plantea 2 problemas y resuelve cada uno de varias formas (por lo menos 3).

Estrategias de resolución de problemas

Se Entiende por estrategia de resolución aquellas acciones, que el docente desarrolla, con el propósito de facilitar la formación y el aprendizaje, utilizando técnicas didácticas los cuales permitan construir conocimiento de una forma creativa y dinámica; apoyados en el aprendizaje basado en planteamiento y resolución de problemas.

En cuanto a las estrategias de resolución de problemas, las más comunes son:

- ➢ Método pictórico; Se relaciona con el uso de figuras, dibujos o diagramas como medio para representar el problema y para buscar una solución.

Ejemplos:

1)Un docente entrega a cada uno de los participantes de su clase, fichas de colores y les solicita que las agrupen de 2 en 2, de 3 en 3 y luego de 4 en 4. Al hacerlo los jóvenes notan que:

Al formar grupos de 2 en 2 sobra 1

Al formar grupos de 3 en 3 sobra 1

Al formar grupos de 4 en 4 sobra una ficha.

¿Cuantas fichas entrego el docente a cada alumno? Hay varias respuestas posibles.

Éstos son múltiplos de 2, 3 y 4, por lo cual uno no puede saber exactamente cuántas fichas recibió cada estudiante

Buscar múltiplos de 2,3 y 4 y marcar los múltiplos comunes entre ellos:

Múltiplos de 2:
{2,4,6,8,10,12,14,16,18,20,22,24,26,28,30, 32,32, 36, ...}

Múltiplos de 3:
{3,6,9,12,15,18,21,24,27,30,33, 36, ...}

Múltiplos de 4:

{4,8,12,16,20,24,28,32, 36, ...}

Luego sumar 1 a estos números (ya que siempre sobra 1 al agruparlos).

Ejemplo: 12 + 1 = 13; 24 + 1 = 25,

36 + 1 = 37, etc.

Las respuestas posibles son: 13, 25, 37, etc.

2) Un niño que colecciona barajitas de un álbum, tiene 78 y le faltan 188, para completar el álbum.

Si compro un paquete de 30 barajitas. ¿Cuantas le faltan, aun, para completar el álbum?

Estrategia: Chequear las láminas que compro con las láminas que ya tiene. Contar los casilleros en blanco, lo cual dará el número de láminas que le faltan.

1	v	22	v	43		64	v	85		106	v	127		148		169	
2		23		44	v	65		86		107	v	128	v	148		170	v
3	v	24		45		66	v	87		108		129	v	150		171	v
4		25		46	v	67	v	88	v	109		130	v	151		172	v
5		26		47		68	v	89		110		131		152	v	173	
6	v	27	v	48		69		90	v	111		132		153		174	v
7		28		49	v	70		91		112		133		154		175	
8		29		50	v	71	v	92	v	113		134	v	155		176	
9		30		51	v	72		93		114	v	135		156		177	
10	v	31		52		73	v	94		115	v	136		157	v	178	v
11		32	v	53		74		95	v	116	v	137	v	158		179	
12		33	v	54		75		96		117		138	v	159		180	v
13	v	34	v	55	v	76		97		118		139	v	160		181	
14		35		56	v	77	v	98		119		140		161	v	182	
15	v	36		57	v	78		99	v	120		141		162		183	
16	v	37	v	58		79		100	v	121	v	142	v	163		184	
17	v	38		59	v	80	v	101	v	122	v	143		164	v	185	
18		39		60	v	81		102		123		144		165		186	
19		40		61	v	82	v	103		124		145	v	166		187	
20	v	41		62	v	83		104		125	v	146	v	167		188	
21		42		63	v	84	v	105	v	126		147	v	168	v		

Representación

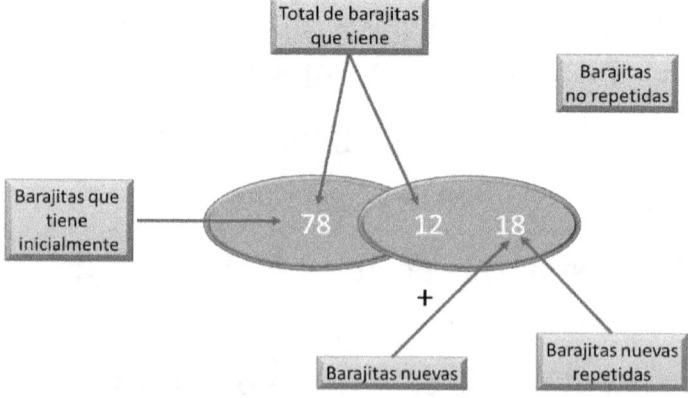

3) Sandra y Judith van con sus papás al sur de vacaciones. Se van en auto por la carretera del Sol.

Judith se había fijado que al lado de la carretera cada 3 Km había un letrero con el número de la ruta.

Sandra se dio cuenta que cada 5 kilómetros había una propaganda de una estación de servicio.

a) ¿Después de cuántos kilómetros ellas van a ver los dos letreros juntos por primera vez?

b) ¿Si van a recorrer 100km, en qué kilómetro verán los dos letreros juntos?

¿Cuántas veces lo verán?
a) Ellas van a ver por primera vez los dos letreros juntos después de 15 km andando.
b) Verán 6 veces los dos letreros juntos. En los kilómetros que se juntaron los dos letreros son el kilómetro 15, el kilómetro 30, el kilómetro 45, el kilómetro 60, el kilómetro 75 y el kilómetro 90.
Formas de resolución
Primera forma: Hacer dos rectas numéricas.

Anotar los múltiplos de 3 en una recta y en los múltiplos de 5 en la otra.

Destacar los números iguales en las dos rectas.

Señalar los kilómetros en donde se juntan los letreros.

Segunda forma: Hacer una tabla de 1 hasta 100. ò escribir las tablas de 3 y de 5 hasta el número 100.

Pintar de un color los múltiplos de 3 y de otro color los múltiplos de 5. Donde se junta los dos colores son puntos (kilómetros) en los cuales los dos letreros aparecen juntos

➤ Método de ensayo y error: Tomar un número al azar, o más o menos pensado, que se acerque a la solución del problema y con éste analizar, probar, etc.
y manipularlo para llegar a la respuesta correcta

Ejemplos:

1) Arturo quiere construir un columpio en su casa. Él quiere colocarlo en la rama de un árbol grande que tiene en la parte de atrás de su jardín. Esta rama está a 5 metros del suelo. Arturo fabricó una silla de madera para su columpio y le falta comprar la

cuerda. ¿Cuántos metros de cuerda tiene que comprar para colocar su columpio?

Explica tu estrategia para encontrar la solución.

Hay varias respuestas posibles según:

a) La altura de la silla hasta el suelo.

b) Los nudos que necesitas para amarrar el columpio al árbol y para amarrar la silla.

Una respuesta posible sería que necesita 11 metros de cuerda. Hay dos formas de resolver:
Primera forma: Estimar la altura de la silla hasta el suelo, que podría ser aproximadamente 50 cm.

Esto significa que Antonio necesita a cada lado 4,50 cm., por lo tanto lo multiplicamos por dos.

También se necesita cuerda para hacer los nudos, tanto en la silla, como en el árbol.

Para eso calculamos aproximadamente 0,5 metro por cada nudo.
Entonces multiplicamos 4 por 0,5 metro.
Luego sumamos los dos resultados obtenidos:

solución: él necesita comprar 11 metros de cuerda.
Segunda forma: Multiplicar dos veces la altura del suelo a la rama.

Luego estimar la altura de la silla al suelo (50 cm aproximadamente) y utilizar 50 cm de cada lado del cordel para la silla.

Después estimar cuánto se necesita para amarrar el columpio al árbol, que aproximadamente podría ser 50 cm por lado. Por lo tanto se multiplica 2 veces por la cantidad de cordel que se necesita para amarrar.

2 x 50cm. = 100cm = 1 m.
Sumar los resultados obtenidos:
10m + 1m =11 m

Actividad nº 7

En algunos países tienen la siguiente fórmula para calcular el peso ideal:

Se mide la altura de la persona, la altura se escribe en centímetros, a esa cantidad se le resta 100. Este resultado es el peso ideal de la persona.

a) ¿Cuál sería tu peso según esta fórmula?

b) ¿Cuál es la diferencia entre tu peso ideal y tu peso real?
Si tú sabes que una amiga pesa 75 Kg. y mide 1,54 metros.
c) ¿Qué piensas de su peso? Coméntalo.

Método de modelización aritmética o algebraica; La aritmética y el álgebra pueden ayudar a resolver un problema. Una forma puede ser representando la información dada en una o varias operaciones algorítmicas o en una ecuación, según sea el caso y los conocimientos de los estudiantes

Ejemplo:

Felipe ayuda a su papá en su negocio. Durante las vacaciones lo hace de lunes a viernes y en época de clases, los sábados. por cada día de trabajo recibe $80.00(pesos).

Al terminar las 8 semanas de vacaciones había ganado 2/3 del dinero que necesita para comprarse una laptop nueva.

¿En cuántos Sábados reunirá lo que le falta?

1ra forma de resolución

Vía de solución: Multiplicar los días de la semana que trabajó (lunes a viernes) por el número de semanas de vacaciones.

Luego establecer la relación que en 40 días gana los 2/3 del dinero que necesita para comprar su laptop nueva.

Deducir que le falta 1/3 del dinero para comprar la laptop.

Calcular cuántos días son 1/3:

Ejecución y respuesta:

8x5=40

1-2/3= (3−2) /3 =1/3

2/3 → 40

1/3 →?

(1/3 x40) / (2/3) = (40/3) / (2/3) =20

1/3 corresponde a 20 días

Respuesta: Felipe reunirá lo que le falta para comprar su laptop nueva en 20 sábados.

2da forma

Vía de solución: Deducir los días que trabajo en vacaciones

Cuanto gano en ese tiempo

Calcular el precio de la laptop

Calcular cuánto dinero le falta

En cuantos sábados obtiene lo que le falta

Ejecución y respuesta

1) deducir los días que trabajo en vacaciones.

   8 semanas x $5 dias/semana$ = 40 días

2) Cuanto gano en ese tiempo

   40días x 80 $pesos/dia$ = 3.200 pesos

Calculando el precio de la laptop

   sea p el precio de la laptop

   $2/3 p = 3.200$ pesos → p=4.800pesos

Calcular cuánto dinero le falta

4.800pesos-3.200pesos=1.600

5) En cuantos sábados obtiene lo que le falta

   1.600/80= 20 sábados

Respuesta: Felipe reunirá lo que le falta en 20 sábados

Actividad nº 8

Plantea y resuelve 3 problemas, uno por cada estrategia señalada

www.ingramcontent.com/pod-product-compliance
Lightning Source LLC
Chambersburg PA
CBHW050247220526
45465CB00002B/588